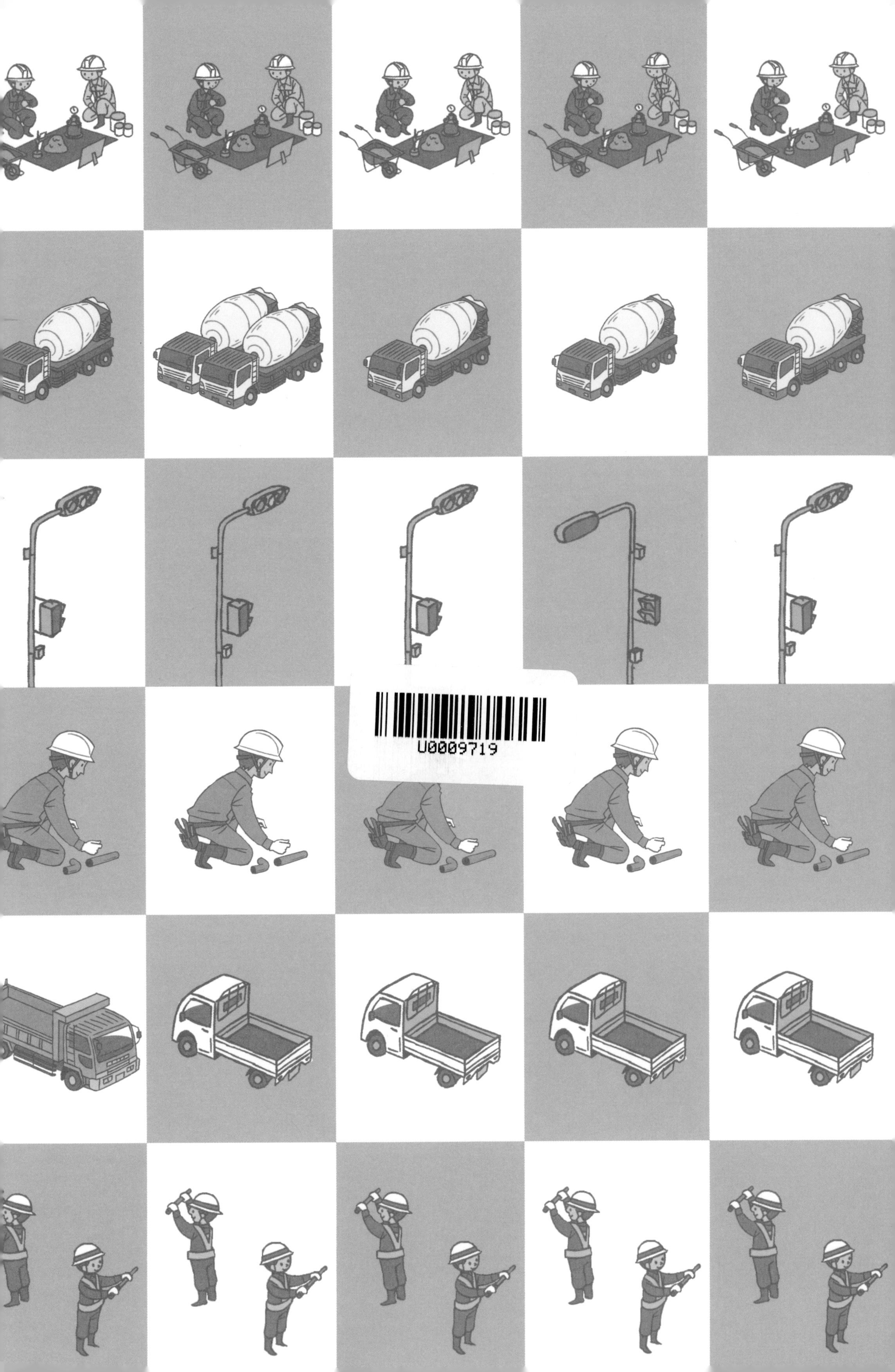
U0009719

從無到有的過程

就像觀察牽牛花的藤蔓慢慢的攀爬在牆面上一樣，當某樣東西一點一滴的形成時，總讓人興奮不已。

「從無到有工程大剖析」系列以繪圖的方式，介紹我們生活周遭的「巨大建設」，以及它們的建造過程。

翻開這本書，可以了解每項建設都必須經過多道施工，運用許多重型機械，加上大量人力的參與，才能建造完成。

讓我們帶著愉快的心情，看看日復一日，藉由時間不斷累積所建造出的巨大建設有多壯觀吧！

從無到有工程大剖析

大樓

監修／鹿島建設株式會社
繪圖／田島直人
翻譯／李彥樺
審訂／陳建州 雲林科技大學營建工程系教授

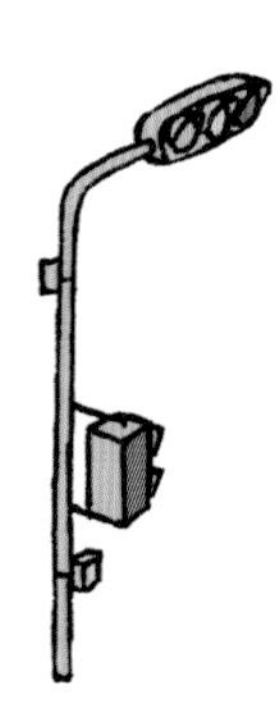

目次

前言

打造生活中的大樓

吃飯、睡覺、聊天、學習、工作、娛樂……每天固定的行為模式，串起生活的樣貌；這些生活中的行為，大部分都發生在家中。所謂的家，有各種建築形式，其中一種就是大樓。

大樓的特色是，即使建造在狹小的土地上，藉由一層一層的往上堆高，可以蓋出更多的房子，成為更多人的「家」。

在人口眾多的城市裡，平房越來越少，大樓和公寓越來越多，都是為了讓大家有更多的空間可以居住。

於是大樓越蓋越高，成為城市裡的日常風景。抬起頭仰望這些大樓，就算我們再怎麼努力把頭抬高，也很難清楚看到最高的那一層；但無論大樓再怎麼高大，也是從我們腳上所踏的地面開始建造而起。

接下來，一起加入建造大樓的行列吧！

在建造的過程中，每一項施工要做些什麼工程？又必須使用哪些重型機械呢？

讓我們一起觀察各種厲害的大樓工程，體驗從無到有的過程是多麼奧妙與偉大吧！

建造大樓

在這裡開始建造大樓吧！
有了大樓，就有更多居住空間，開創全新生活圈。

圈圍土地

用鐵皮圍籬將計畫建造大樓的土地圈圍起來，形成「安全圍籬」，提醒大家這個區域正在施工，注意安全；並且設置工地大門，所有車輛和施工人員都由這裡進出。

建造大樓之前，要將原本的建築拆除，以重型機械破壞梁柱和牆壁，再由卡車運出拆卸的廢材。

有些工地的安全圍籬是透明的，從外頭就能看見裡頭的狀況。

註：臺灣大多是鐵製的圍籬，看不到工地裡面。

挖掘機

有著長長的機械手臂，前端連結著夾鉗，協助拆除和夾取廢材。依照不同需求，夾鉗可以換成其他連結器具。

夾鉗

集合眾人的智慧！

建造一棟大樓，必須經過許許多多的作業流程，比如讓柱子立起來、裝設牆壁……每個作業流程都要交由各個專業領域的人負責，這些人就是「專家」。每一項作業需要的專家人數都不相同。

基樁施作

接下來，就依照步驟準備開始蓋大樓。施工人員確認好設計圖，工程即將展開！

植入地底下的「基樁」可以支撐高聳的大樓。基樁施作須藉由基樁鑽掘機，在地底下鑽個洞，讓基樁底部確實到達地底下又深又硬的地層，這個鑽孔的步驟稱為「場鑄樁」。有些大樓的基樁甚至可以長達60公尺，而且基樁很重，但大樓建造好之後卻看不見它，因此很多人不知道它的存在。

一整排鐵板

在施工現場，經常可以看到地面鋪著鐵板（鐵製的長板），以防止沉重的卡車和重型機械陷入砂土裡而不得動彈。

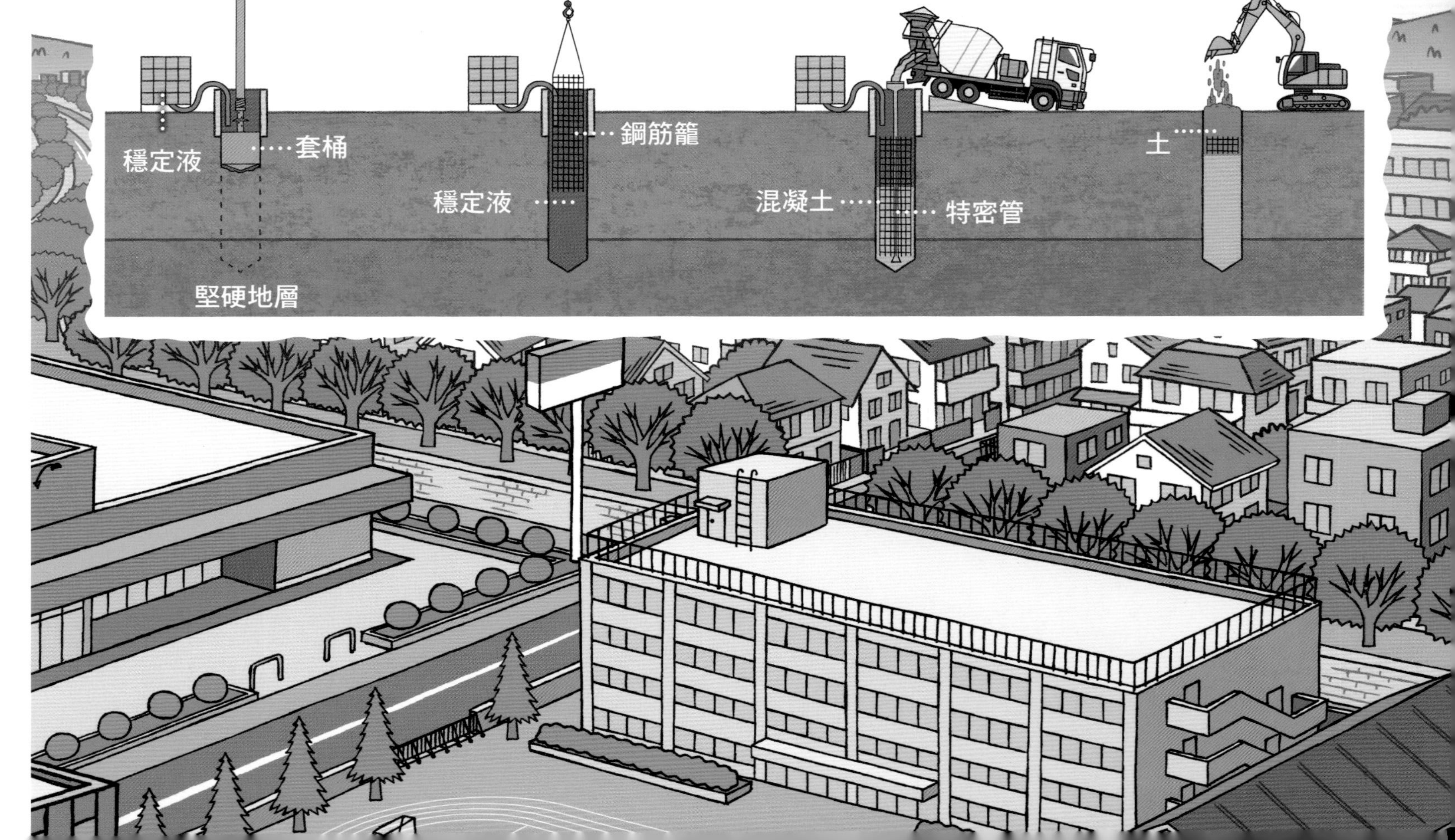

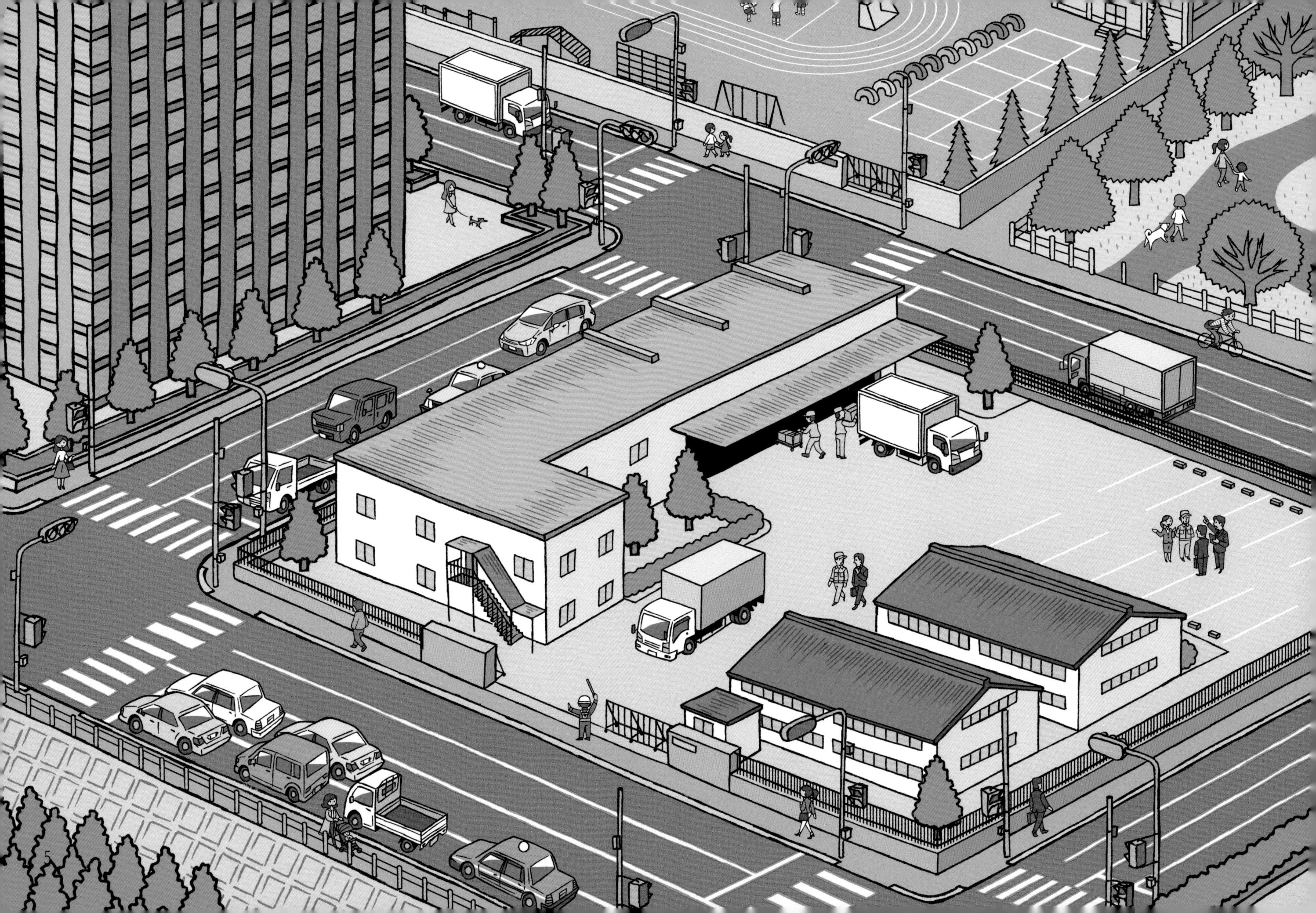

圈圍土地

用鐵皮圍籬將計畫建造大樓的土地圈圍起來，形成「安全圍籬」，提醒大家這個區域正在施工，注意安全；並且設置工地大門，所有車輛和施工人員都由這裡進出。

建造大樓之前，要將原本的建築拆除，以重型機械破壞梁柱和牆壁，再由卡車運出拆卸的廢材。

有些工地的安全圍籬是透明的，從外頭就能看見裡頭的狀況。

註：臺灣大多是鐵製的圍籬，看不到工地裡面。

挖掘機

有著長長的機械手臂，前端連結著夾鉗，協助拆除和夾取廢材。依照不同需求，夾鉗可以換成其他連結器具。

集合眾人的智慧！

建造一棟大樓，必須經過許許多多的作業流程，比如讓柱子立起來、裝設牆壁……每個作業流程都要交由各個專業領域的人負責，這些人就是「專家」。每一項作業需要的專家人數都不相同。

基樁施作

接下來，就依照步驟準備開始蓋大樓。施工人員確認好設計圖，工程即將展開！

植入地底下的「基樁」可以支撐高聳的大樓。基樁施作須藉由基樁鑽掘機，在地底下鑽個洞，讓基樁底部確實到達地底下又深又硬的地層，這個鑽孔的步驟稱為「場鑄樁」。有些大樓的基樁甚至可以長達60公尺，而且基樁很重，但大樓建造好之後卻看不見它，因此很多人不知道它的存在。

一整排鐵板

在施工現場，經常可以看到地面鋪著鐵板（鐵製的長板），以防止沉重的卡車和重型機械陷入砂土裡而不得動彈。

基樁鑽掘機

像起重機一般的機械手臂上，懸吊一根鑽桿，連接套桶。套桶的前端排列著堅固的刀片，隨著套桶一邊旋轉，一邊挖掘地面。

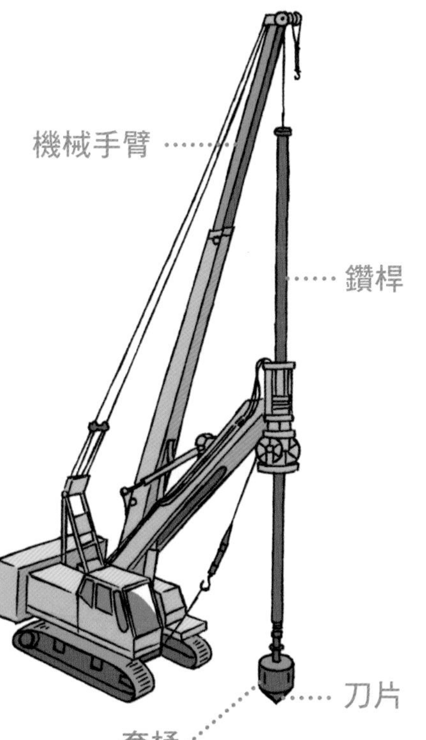

可以將挖掘出來的砂土存放在裡頭。裝滿砂土後，就可以拉出至地面，將裡頭的砂土清空。

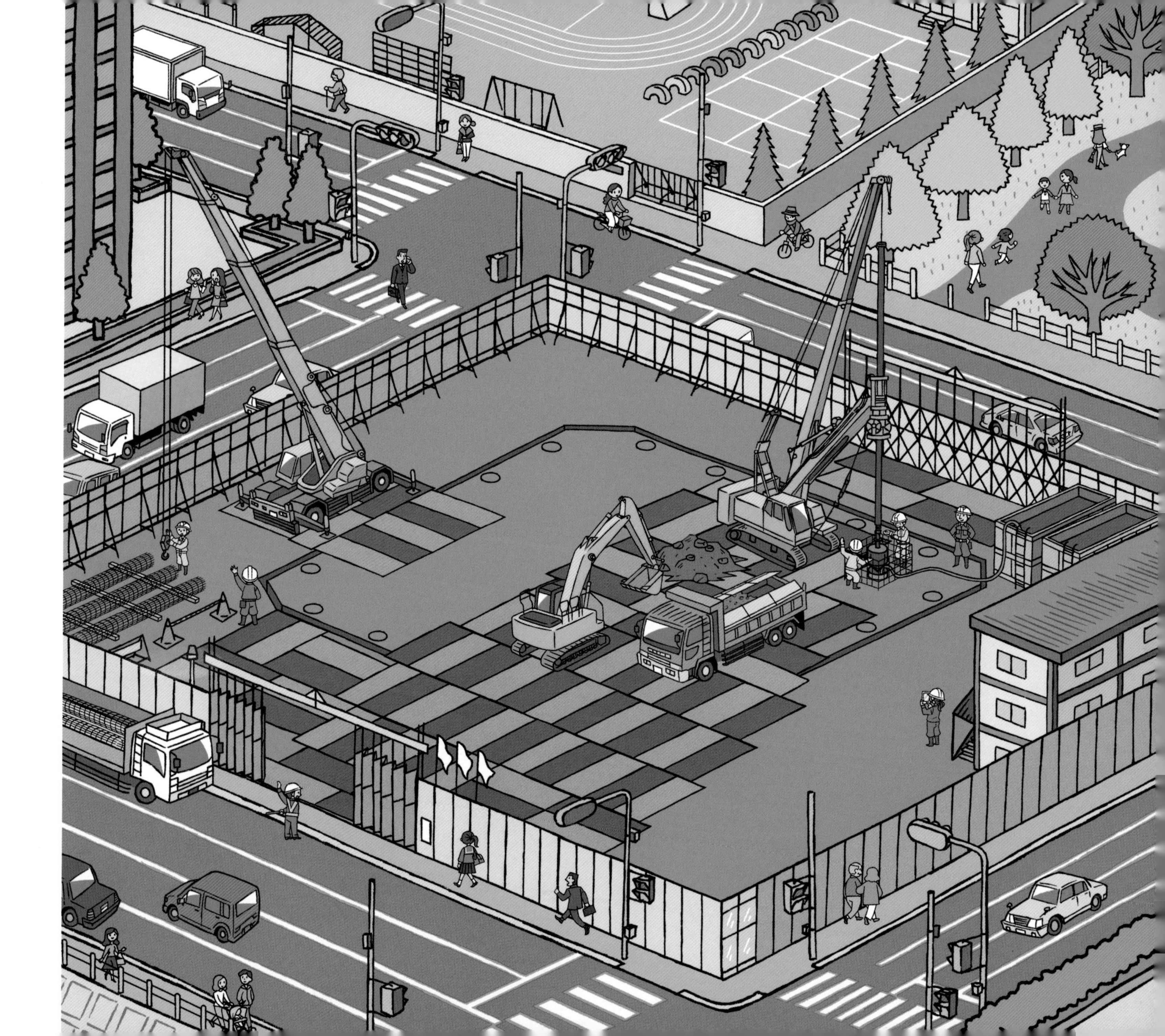

大樓的基礎

基樁完成後，再以挖掘機挖掘地面，整平地面後架設鋼筋，隨後灌注混凝土，讓整個底板變得非常堅硬。

從開始打基樁施工到底板完成，稱為「打地基」。建造大樓時，打地基會花費最多時間。

挖掘機機械手臂前端的連結器具，這時換成挖斗，用挖斗將土一鏟一鏟撈起

打地基的過程

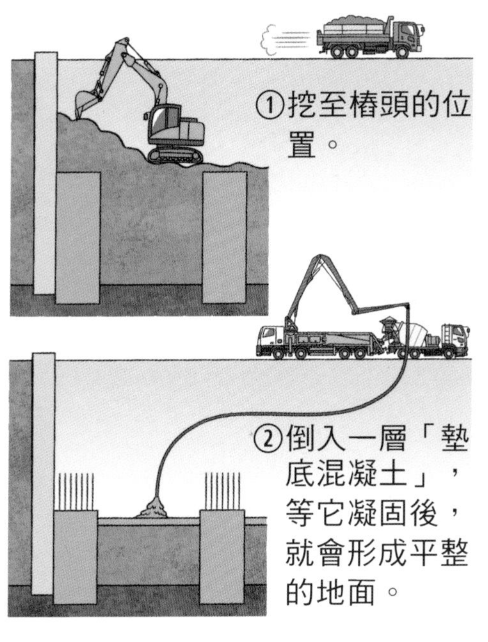

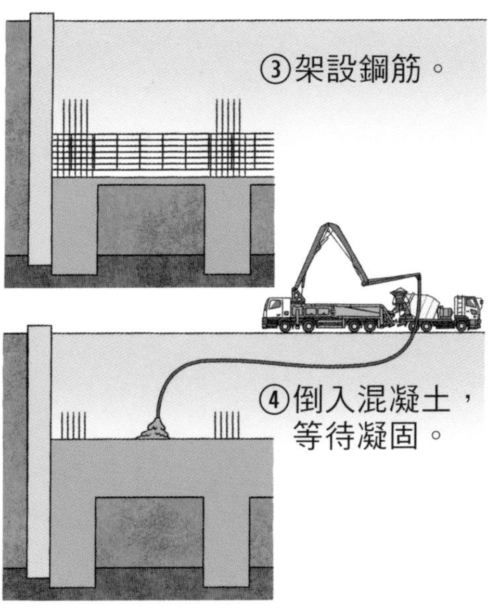

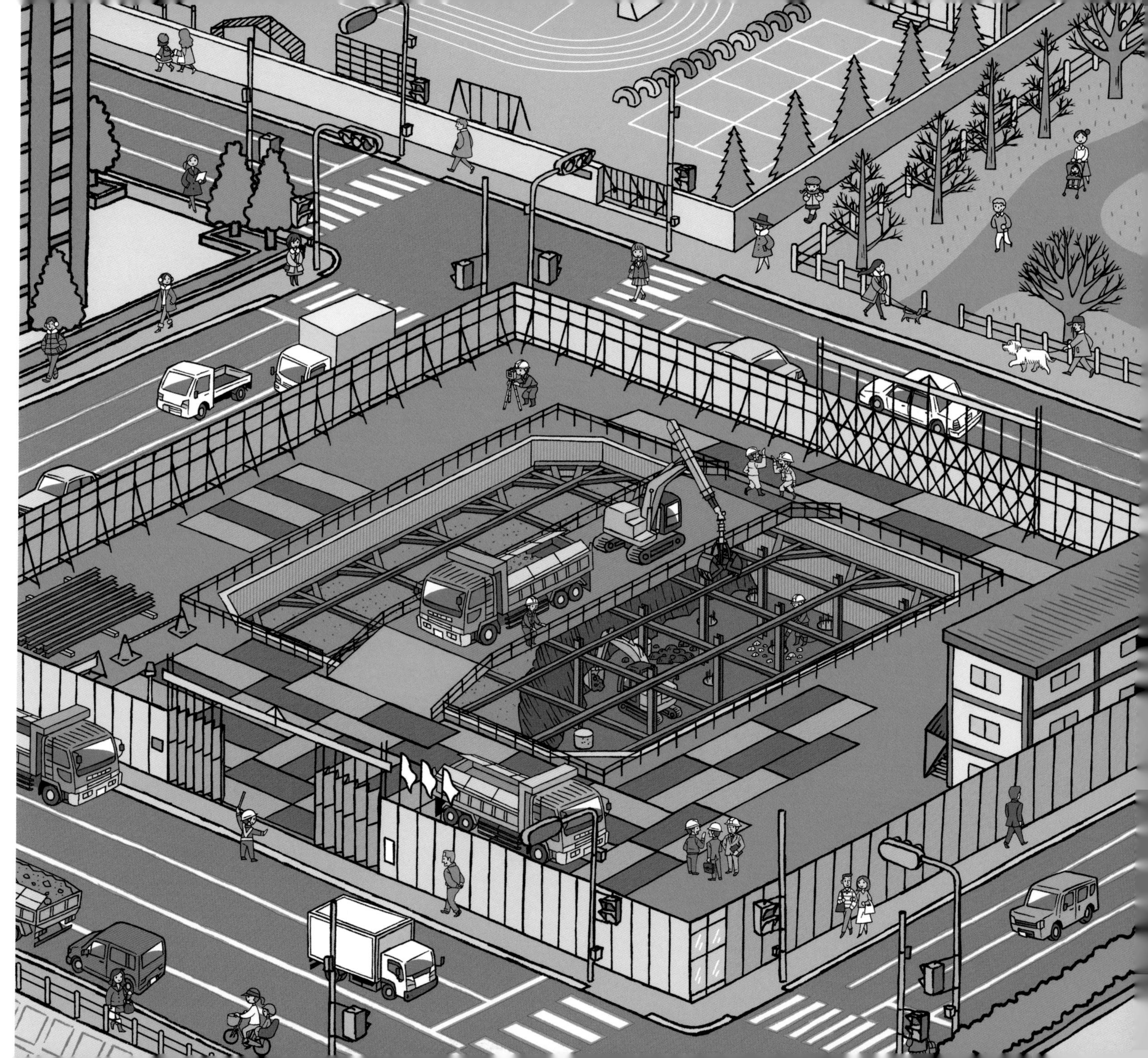

終於浮出地面的工程

耗費時間的地底基礎工程完成後，緊接著就是地面上的工程。與地底下的工程一樣，鋼筋要確實架設穩固，混凝土也要確實灌注填滿，才能打造出一棟堅固的大樓。

現場直送！

混凝土是由水泥、小石頭、砂子和水混合而成，混合攪拌大約2小時後，就會開始凝固，所以混合後必須在1.5小時內使用完畢。在工廠製作混凝土時，要先計算好運送到施工現場所需要的時間。

仰賴團隊合作的混凝土施工

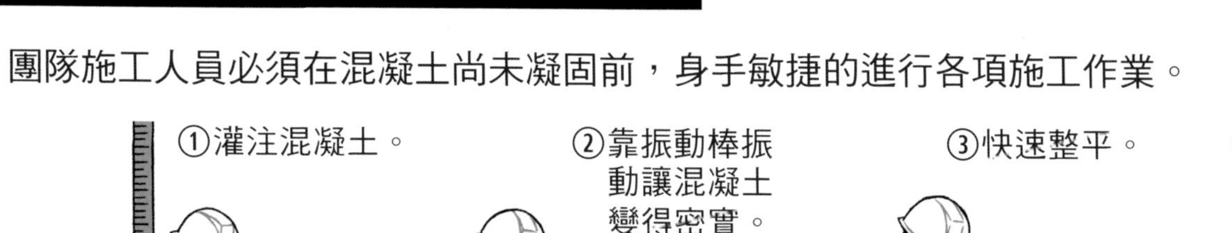

團隊施工人員必須在混凝土尚未凝固前，身手敏捷的進行各項施工作業。

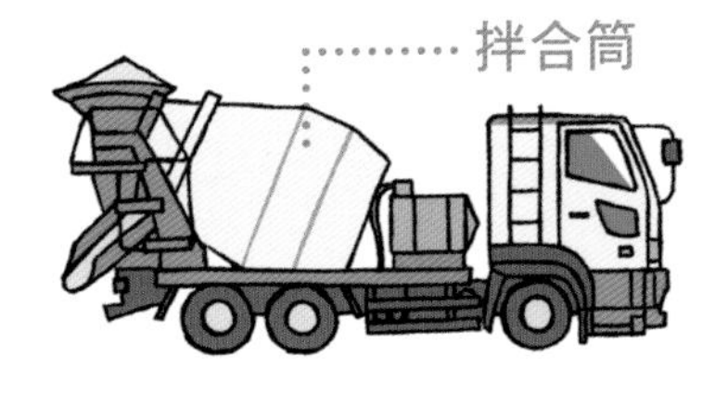

混凝土攪拌車

負責將混凝土從混凝土工廠運送到施工現場，輸送過程中車體上的拌合筒會不斷旋轉，防止混凝土凝固。

混凝土泵浦車

通常會搭配混凝土攪拌車一起行動，用長長的輸送管，把混凝土從混凝土攪拌車輸送到灌注地點。

建構骨架

大樓跟人體一樣需要有骨頭，也就是「骨架」，可以有效防止大樓傾斜或倒塌。

大樓的骨架分為兩種，直的為「柱」，橫的為「梁」，柱與梁要緊密接合在一起。

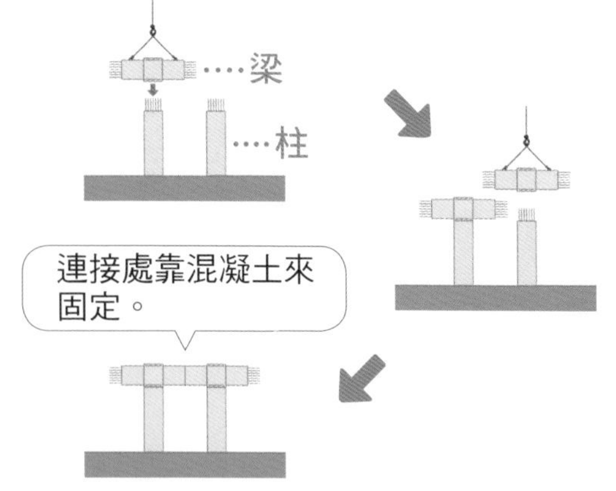

從工廠送來的柱子

施作大樓的梁柱，要先組立鋼筋，再灌入混凝土。雖然常在施工現場施作，但有些會先在工廠預鑄，節省時間。

塔式起重機

可以調整高度的起重機，建造大樓時絕對少不了它！

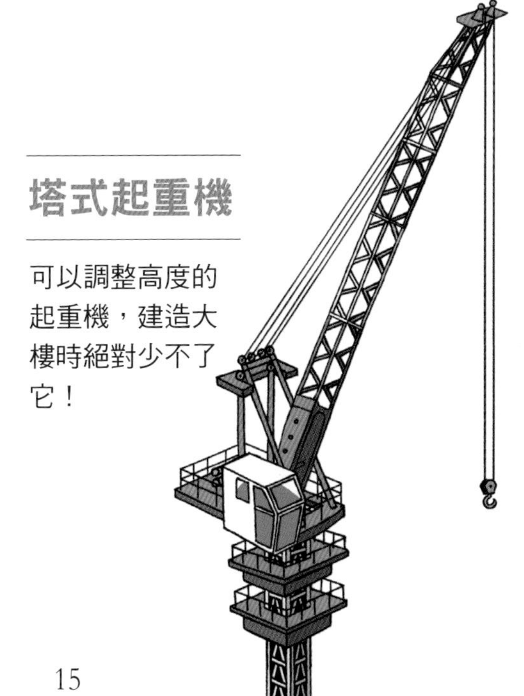

每次只蓋一層樓

骨架建構完成後，開始灌注混凝土，施作混凝土樓板。混凝土樓板並不是我們平常走路的地板，而是位在地板下方的堅固底板。建造好混凝土樓板，一個樓層就完成了。

接下來，反覆進行骨架建構和樓板施作的步驟，依序打造每一層樓。

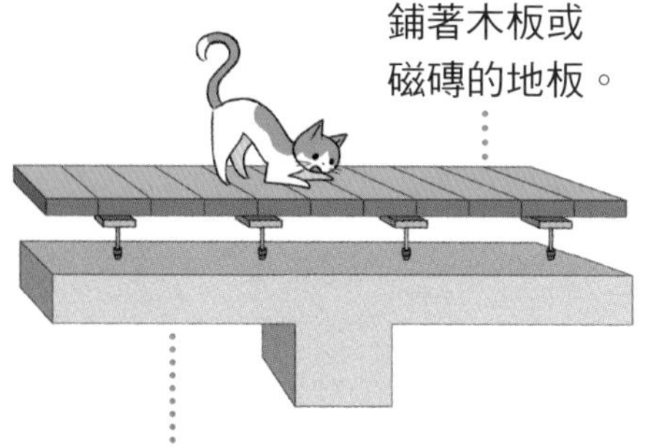

考驗現場監工的技巧

施工現場會有許多人員和卡車進進出出，而負責管理施工現場的人，就是「現場監工」。他們必須注意現場的每個細節，讓施工順利進行。

下一個樓層的施工，是從這天開始吧……

好，在這天之前要把建材都備齊！

建材順利送達！嗯，今天也要加油！

嚴格的檢查，確認施工是否正確，也是現場監工的責任。

被稱作「鳶」的工作人員

建造大樓的施工現場，有許多工作人員，其中一種工作人員被稱作「鳶」，他們穿著造型獨特的工作褲，即使身在高處，例如梁和柱的上頭，也能身手敏捷的進行施工作業。

用鳶來稱呼他們，是因為他們使用的工具，形狀很像鳶的嘴型。

註：「鳶」是日本特有的稱呼。在臺灣，高處作業人員並沒有特殊的稱呼，也沒有特殊的服裝。

他們穿著方便行動的長褲，腰帶上懸掛工具。

上下同步進行不同工事

樓層建造完成後，接著建造外側的窗戶和牆壁。牆壁完成之後，就可以為大樓遮風避雨，這麼一來，就能開始裝設「內部工程」，例如天花板和內牆。就這樣，在大樓逐漸變高的過程中，當高樓層在建構骨架時，低樓層在進行內部工程，上下同步進行，有如一場「誰比較快」的遊戲。

起重機伸長了！

塔式起重機負責將梁和柱等施工建材運送至高處。隨著大樓越來越高，塔式起重機也會逐漸伸長！

塔式起重機的伸長方式

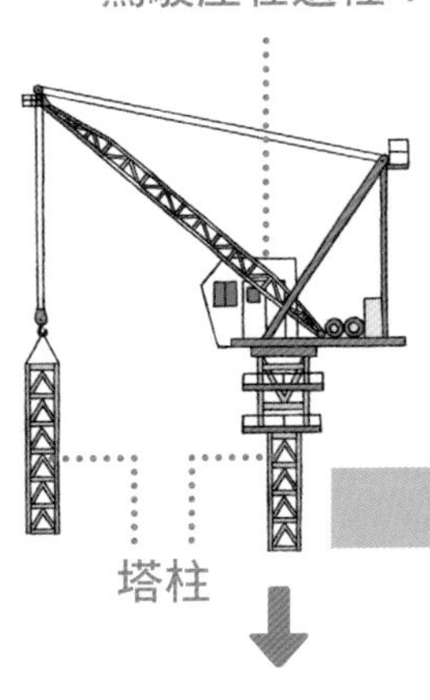

支撐起重機的柱子是「塔柱」；起重機需要上升多高，塔柱就要跟著抬升。

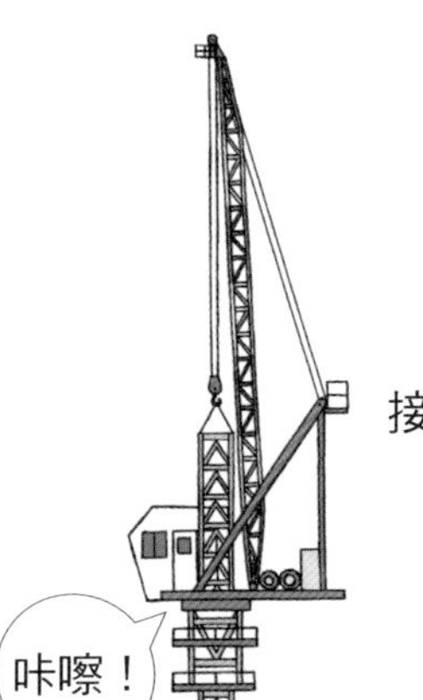

接上塔柱。

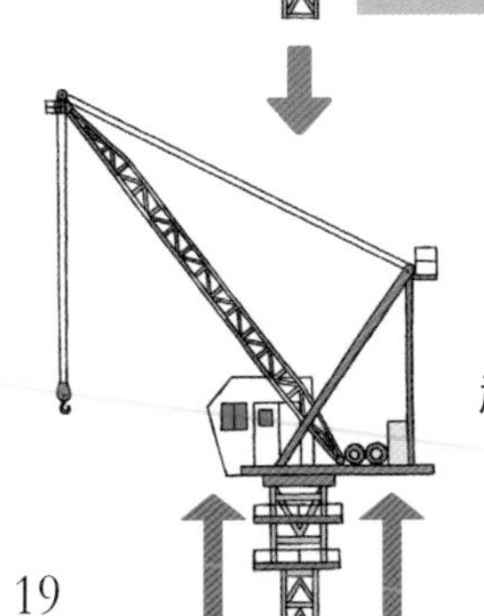

起重機往上伸長。

漂亮收尾

當大樓外側建造完成後，剩下的就是內部的收尾工作，例如安裝電力纜線、鋪設地板和黏貼壁紙。最重要的是，新電梯也要裝設完成，住戶才能順利進入。

註：大樓施工期間，施工人員是搭乘施工電梯上下樓 ，不是使用一般的電梯。

辛苦你了，塔式起重機！

　　長時間協助施工作業的塔式起重機，也要準備收工嘍！下降的方式與抬升時相反，當起重機回到地面上時，就要進行拆裝，再放到拖車上，準備運至下一個施工現場。

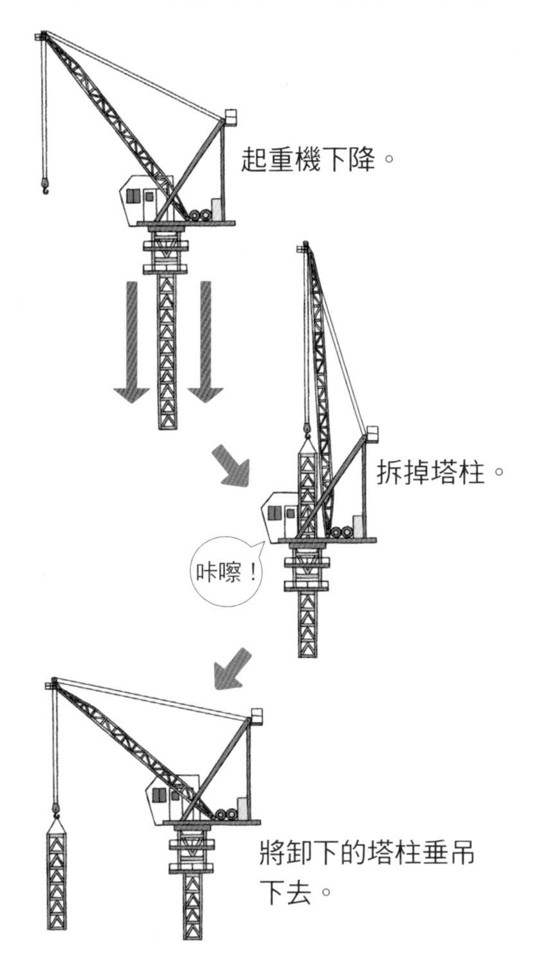

大樓建造完成

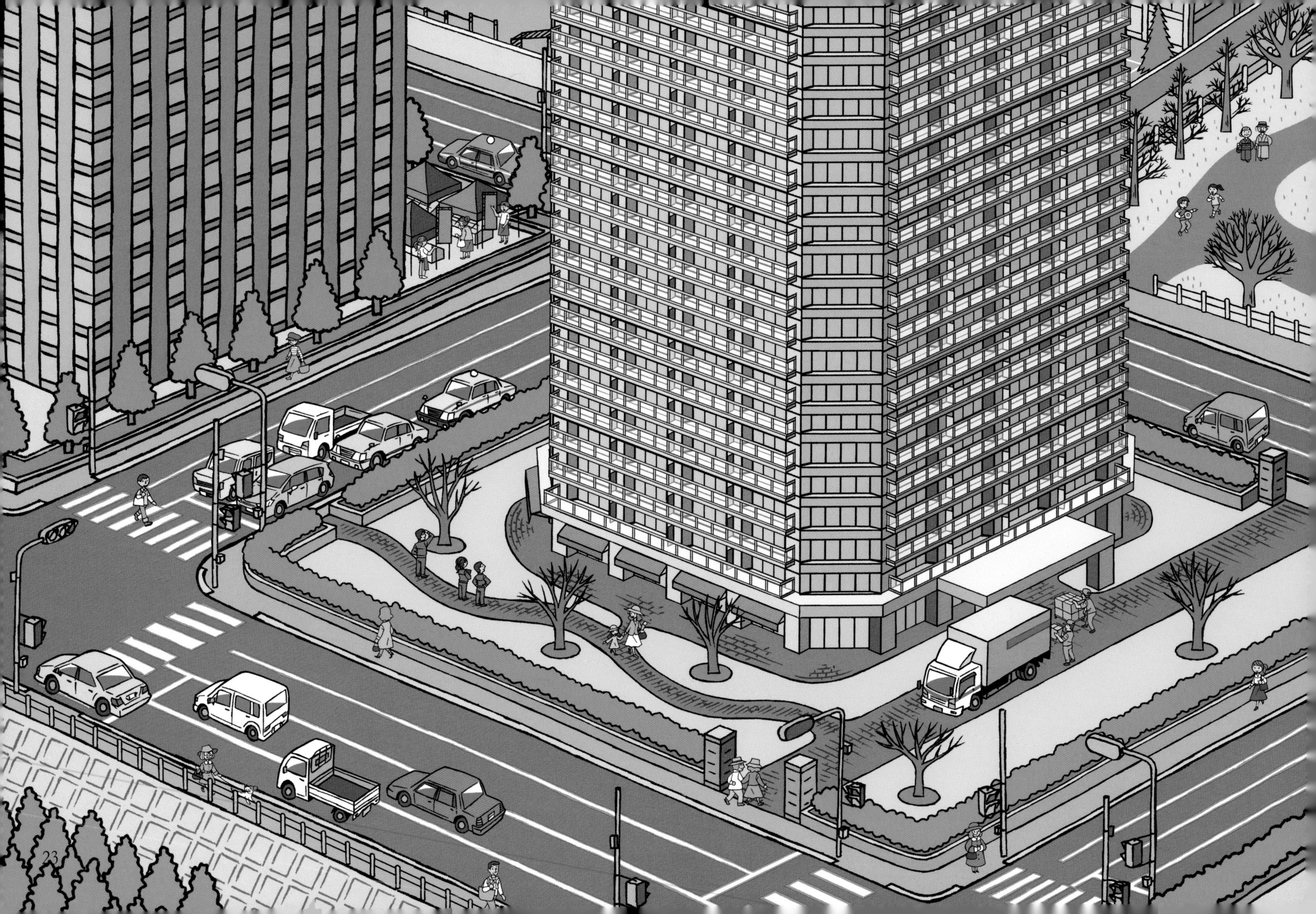

後記

大樓為我們開創新生活

同時能夠讓許多人入住的大樓建造完成了！

大樓完工之後，因為居住人口變多，附近也開設各式各樣的新商店。生活機能更加完備，人潮漸漸從相鄰的區域往這裡移入，周邊的居住生態逐漸與過去不同，越來越熱鬧。

未來，會有許多新家庭搬來這裡，為了迎接更多孩子，學校也會增設班級，有了新同學的加入，就有更多機會結交好朋友！朋友會為我們帶來有趣的事物，和我們分享更多知識。這些新建立的友情，也是新大樓帶來的好處之一哦！

在附近散步的時候，有沒有發現新工地，正在準備建造新大樓呢？

請試著仔細觀察，你一定會有新發現！

關於大樓……

1000年前就出現了！古老的集合住宅

像這樣把一棟大樓分隔成許多房間，每一個房間能各自成為一個家，可以讓許多人住在裡面的集合住宅，距今已經存在超過1000年歷史了！位於美國新墨西哥州的陶斯印第安村，就是世界上最古老的集合住宅。

照片裡看到的門都是後來裝上去的，據說從前的出入口是在屋頂，居民要進出，得先用梯子爬到屋頂，才能進入內部。今日的陶斯印第安村依然住著許多人，那裡沒有電和自來水，居民過著原始的生活。

配合氣候和地形！
蓋出各種不同造型的房屋

茅草屋

最傳統古老的建築，最大的特徵是傾斜的屋頂，由茅草堆疊而成。如今在一些原始村落仍然可以看到茅草屋。

日本岐阜縣白川鄉合掌村的茅草屋，存在年代久遠。

高腳屋

以木材蓋建，並且用高樁撐起，讓房屋地板遠離地面，除了預防潮濕，還能避開蛇或其他害蟲。

高腳屋是馬來西亞的傳統建築之一，為了因應熱帶地區的炎熱天候而生。

洞穴屋

配合沙漠地形挖掘出的洞穴屋，可以抵擋烈陽高溫，還能防止風沙的吹襲。

北非突尼西亞的洞穴屋，外觀奇特吸睛，成為當地的特色。

冰屋

愛斯基摩人用雪磚建造的房屋，外觀像是半顆橢圓形的球體，可以抵擋風雪。

在攝氏零下50幾度的北極地區，當地居民建造冰屋來禦寒。

每一棟都別出心裁！

世界上各種奇妙的大樓

義大利

咦？長出植物的大樓？

垂直森林

這兩棟有如兩棵巨樹的大樓，牆壁上長滿綠色植物，是名副其實的綠建築！設計這兩棟大樓的建築師，非常喜歡植物，將多達5900棵樹木種植在大樓裡，住在裡面，就好像住在一棟樹屋裡，和綠意共生。樹木會逐漸長大，所以要定期的整理和維護，聽說樹上常常會有小鳥來築巢哦！

這可不是積木！

新加坡

交織大樓

「好像巨人玩的積木哦！」任何人看到這樣的大樓，都會覺得新奇。長方形的六層樓建築，總共有31棟疊在一起。看起來像是疊得雜亂無章，卻是經過精密的計算，一格一格的構造，和蜂巢一樣縝密。

公園大道432號 美國

2015年完工，位在高樓大廈林立的紐約市曼哈頓，共有96層樓，高度大約426公尺，中高樓層可俯瞰整個中央公園！造型很像美國常見的鋁製垃圾桶。

高聳入天的竹子？

臺北101

位在臺北信義區的摩天大樓，地面上共有101層樓，高度大約508公尺，是臺北著名的地標和觀光景點。外觀像是竹子，象徵節節高升。除了特殊的抗震結構，能克服臺灣地震頻繁的威脅；高樓層裡安裝的阻尼器有抗風的功能，可以減緩大樓搖晃。

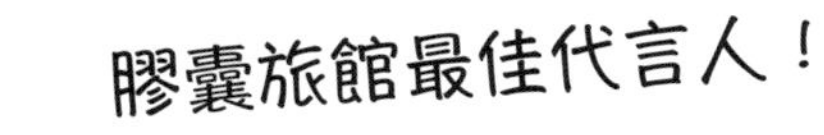

膠囊旅館最佳代言人！

日本

中銀膠囊塔大樓

這棟大樓古怪得讓人忍不住想多看一眼，簡直像是來自未來世界的大樓！它是由140個方塊所組成，每個方塊上頭都裝設圓形窗戶。這些方塊被稱作「膠囊」，可以拆下來替換，但到目前為止還沒有人這麼做過。

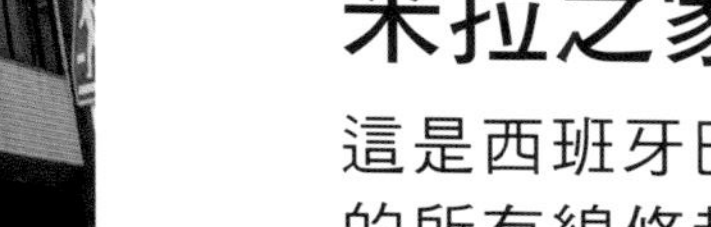

米拉之家

西班牙

這是西班牙巴塞隆納的著名建築，外觀的所有線條都像是波浪曲線，屋頂上還有幾個看起來像冰淇淋的古怪物體，而它竟然是煙囪！雖然已是熱門的觀光景點，仍然有人不受影響的居住在裡面。

有波浪曲線！

大樓施工時無可取代的
重型機械

挖掘機

掛在機械手臂上的挖斗能將土一鏟一鏟撈起，堆在砂石車上。機械手臂前端可替換其他連結器具。

砂石車

可以搬運大量泥土、砂子或混凝土碎塊。只要傾斜後車斗，就可以一口氣將上頭的東西卸下來。

伸縮臂挖掘機

機械臂前端連結著一個有如貝殼形狀的鏟子，可以將砂土撈起來。

混凝土攪拌車

一邊用拌合筒不停翻轉混凝土，一邊將它從混凝土工廠運送至施工現場。

塔式起重機

建造高大建築物的施工現場裡最顯眼的施工機械，起重機可以配合大樓的高度跟著抬升。

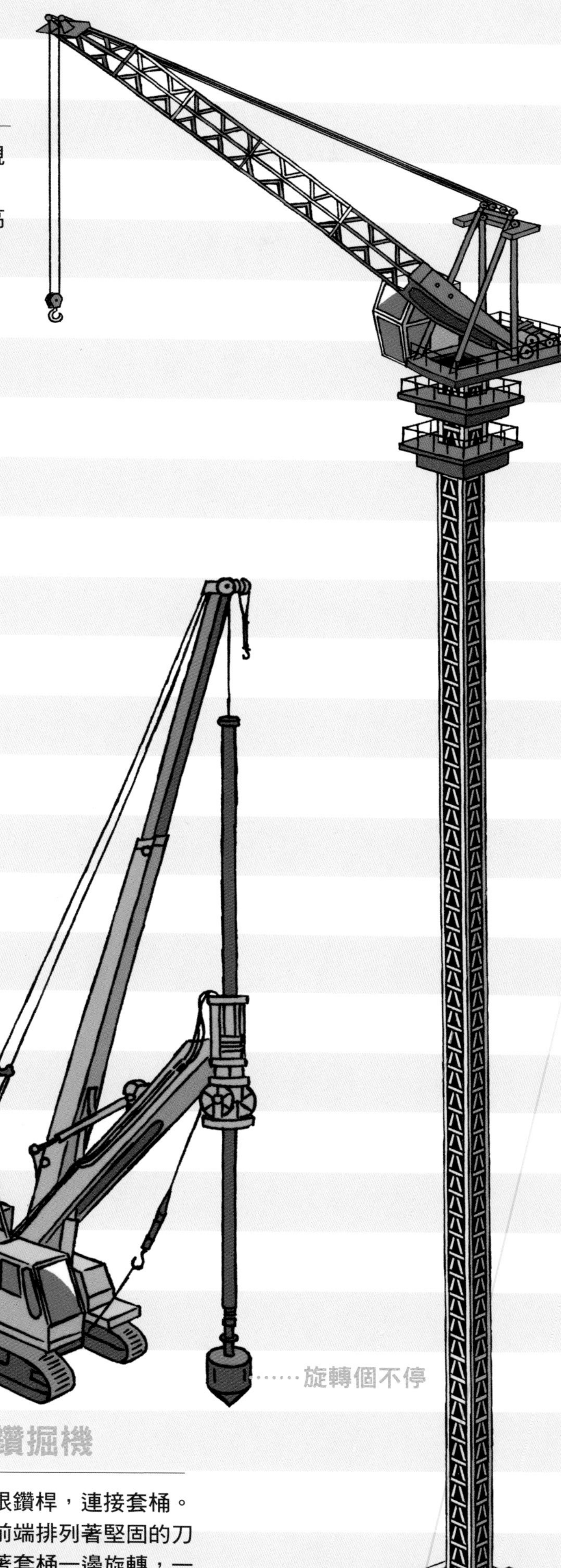

混凝土泵浦車

可以連接混凝土攪拌車，靠著長長的輸送管將混凝土輸送至遠處。

基樁鑽掘機

懸吊一根鑽桿，連接套桶。套桶的前端排列著堅固的刀片，隨著套桶一邊旋轉，一邊挖掘地面。

監修｜**鹿島建設株式會社**

鹿島建設株式會社是日本五大建設公司之一，總公司設址於東京，創辦於1840年，在日本建築業的發展中占有相當重要的地位，主要建造涵蓋水壩、橋梁、隧道、棒球場等，尤其在建造核電廠及高層建築物方面享有盛譽。

繪圖｜**田島直人**

出生於日本千葉縣，曾任職於設計公司，2004年開始發表插畫作品，以可愛和懷舊的風格成就個人特色。作品涵蓋繪本、學齡前和小學生的教材插圖、雜貨類插畫，以及圖鑑百科的繪圖。

翻譯｜**李彥樺**

日本關西大學文學博士，曾任私立東吳大學日文系兼任助理教授，譯作涵蓋科學、文學、財經、實用書、漫畫等領域，作品有「NHK小學生自主學習科學方法」（全套3冊）、「5分鐘孩子的邏輯思維訓練」（全套2冊）、「〔實踐創意〕小學生進階程式設計挑戰繪本」（全套4冊）、「數字驚奇大冒險」（全套3冊）（以上皆由小熊出版）。

審訂｜**陳建州**

現任國立雲林科技大學營建工程系教授，曾任高屏溪橋建造工程師、國立中央大學工學院橋梁工程研究中心顧問、中華顧問工程司正工程師；研究與授課範圍廣含結構動力學、橋梁工程、預力混凝土、工程數學、基本結構學、鋼筋混凝土和測量學等。

照片提供（P25-29）：shutterstock

閱讀與探索

從無到有工程大剖析：大樓　監修／鹿島建設株式會社　繪圖／田島直人　翻譯／李彥樺　審訂／陳建州

總編輯：鄭如瑤｜主編：施穎芳｜責任編輯：王靜慧｜美術編輯：陳姿足｜行銷副理：塗幸儀

社長：郭重興｜發行人兼出版總監：曾大福
業務平臺總經理：李雪麗｜業務平臺副總經理：李復民
海外業務協理：張鑫峰｜特販業務協理：陳綺瑩｜實體業務協理：林詩富
印務經理：黃禮賢｜印務主任：李孟儒
出版與發行：小熊出版・遠足文化事業股份有限公司
地址：231 新北市新店區民權路 108-2 號 9 樓
電話：02-22181417｜傳真：02-86671851
劃撥帳號：19504465｜戶名：遠足文化事業股份有限公司
客服專線：0800-221029｜客服信箱：service@bookrep.com.tw
Facebook：小熊出版｜E-mail：littlebear@bookrep.com.tw
讀書共和國出版集團網路書店：http://www.bookrep.com.tw
團體訂購請洽業務部：02-22181417 分機 1132、1520

法律顧問：華洋法律事務所／蘇文生律師｜印製：凱林彩印股份有限公司
初版一刷：2021 年 7 月｜定價：350 元｜ ISBN：978-986-5593-48-3

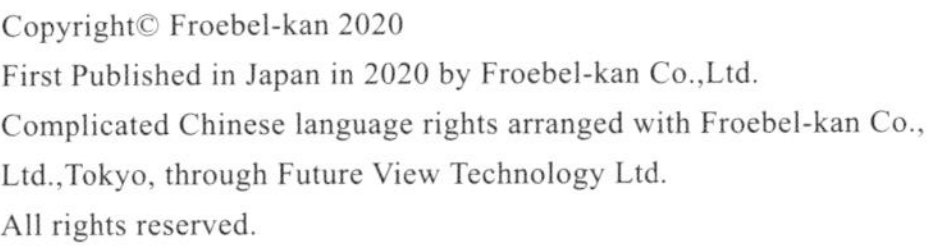

國家圖書館出版品預行編目（CIP）資料

從無到有工程大剖析：大樓／鹿島建設株式會社監修；田島直人繪圖；李彥樺翻譯；陳建州審訂. -- 初版. -- 新北市：小熊出版：遠足文化事業股份有限公司發行, 2021. 07
32面；29.7×21公分.（閱讀與探索）
ISBN 978-986-5593-48-3（精裝）
1. 大樓　2. 大樓工程
441.52　110009800

DANDAN DEKITEKURU2 MANSION

Supervised by KAJIMA CORPORATION
Illustrated by TAJIMA Naoto
Designed by FROG KING STUDIO

小熊出版讀者回函　小熊出版官方網頁

從無到有工程大剖析

全4冊

認識生活周遭的
巨大建設！

滿足好奇心與臨場感的知識繪本
啟發孩子對科學與工程探索的樂趣

圖解各項施工步
驟好厲害！

重型機械圖鑑
好精采！

1 道路　2 隧道

3 橋梁　4 大樓

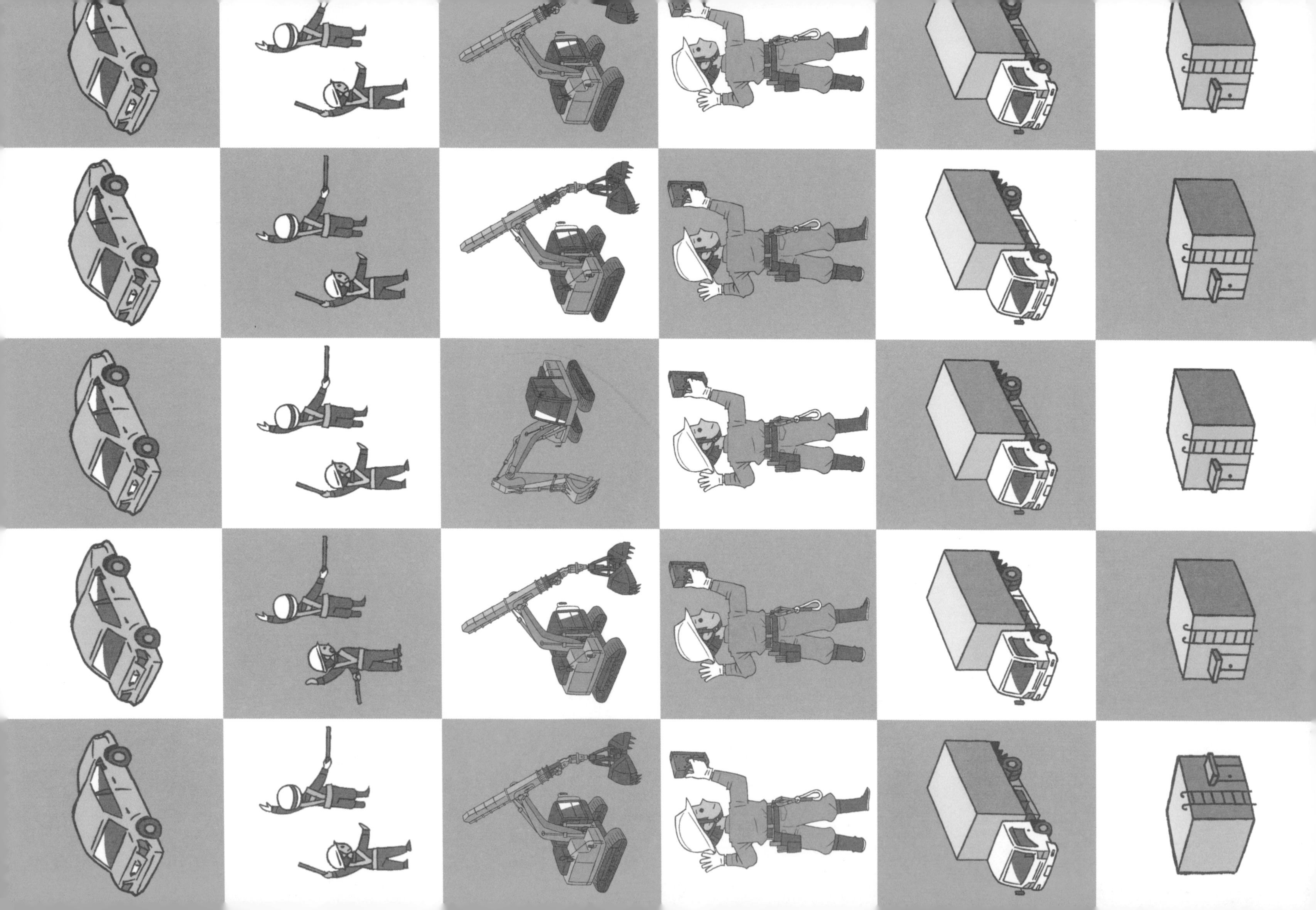